我的第一本
相對論

沙達德·凱德—薩拉·費隆／文

愛德華·阿爾塔里巴／圖

朱慶琪／譯

三民書局

科學©

我的第一本相對論

文　　字	沙達德・凱德─薩拉・費隆 (Sheddad Kaid–Salah Ferrón)
繪　　圖	愛德華・阿爾塔里巴 (Eduard Altarriba)
譯　　者	朱慶琪
責任編輯	朱君偉

創 辦 人	劉振強
發 行 人	劉仲傑
出 版 者	⌒⌒ 三民書局股份有限公司 (成立於 1953 年)

三民網路書店
https://www.sanmin.com.tw

地　　址	臺北市復興北路 386 號　　（復北門市）　(02)2500–6600
	臺北市重慶南路一段 61 號 (重南門市）　(02)2361–7511
出版日期	初版一刷 2021 年 6 月
	初版三刷 2024 年 7 月
書籍編號	S332721
I S B N	978-957-14-7195-2

Copyright © Editorial Juventud 2018
Text © by Sheddad Kaid-Salah Ferrón and illustrations © by Eduard Altarriba
Original Title: *Mi primer libro de relatividad*
This edition published by agreement with Editorial Juventud, 2020
www.editorialjuventud.es
Traditional Chinese copyright © 2021 by San Min Book Co., Ltd.
ALL RIGHTS RESERVED

目 次

阿爾伯特・愛因斯坦

簡介

阿爾伯特 · 愛因斯坦的相對論是有關時間跟空間的理論，時間跟空間我們當然懂，不過就是些很簡單的概念而已啊！可是仔細想想，竟迸出一堆奇怪的事情。

當愛因斯坦還是青少年的時候，他的腦袋裡轉呀轉的總是那些大家覺得理所當然的事情。

由於不斷地認真思考，多年後，他就提出了自己的時空理論，也就是狹義相對論（這麼命名的原因是因為幾年後他又提出了廣義相對論，把重力的概念也加進去了）。

為了要理解時空理論，首先我們需要知道到底什麼是時間？什麼是空間？我們也要了解運動是什麼，甚至以光速運動時會發生什麼事。一旦我們把這些東西整合之後，我們就有辦法透過相對論來了解這個世界，我們也會相信那些科幻小說裡的情節，竟然真的會發生！

歡迎加入這趟奇幻之旅！

時 間

你總算醒了，鬧鐘不知道什麼時候早就被按掉，你勉強撐開眼皮瞪著時鐘，你沒看錯⋯⋯真的只剩下 20 分鐘，再不起床吃早餐，你就會趕不上校車，更別提這個禮拜已經遲到一次了。唉，早知道昨天晚上就不要熬夜讀書了⋯⋯

我們都知道時間是什麼，有了時間我們才知道什麼時候該做什麼。我們的日常生活也是根據不同的時間單位來安排：以秒、分鐘、小時、幾天、幾週、幾個月、幾年來規劃。

不過如果有人問我們，時間究竟是什麼？事情好像就有點複雜了，好險定義時間是那些偉大思想家們的事，對我們而言，最重要的是知道時間可以被測量。

所以，
我們到底要怎麼測量時間呢？

愛因斯坦當然很清楚：
時鐘測量的就是「時間」。
只是，時鐘到底怎麼「測量」呢？

測量時間
需要利用一些
重複發生的現象，
或者說「週期性」的現象，
像是日升日落、
月圓月缺。

測量時間

我們的祖先最早是用天來計時，2 次太陽升起所經過的時間，我們稱為「一天」。由於太陽每天都會升起，是一種週期性現象，所以很適合拿來測量時間，只要計算太陽升起幾次，我們就知道已經過了幾天。

當然囉，現在我們知道地球會自轉，所以一天其實就是地球自轉一周所花的時間。

有些文明則是用月亮的陰晴圓缺來測量時間。

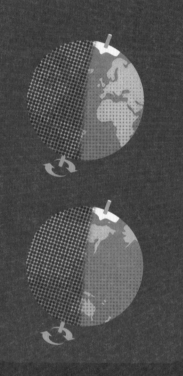

很快地人們就發現了，不管是日、月、季、年，都是週期性的現象，所以都能夠用來計時。

比「一天」還要短的時間

365 天

● 比「一天」還短的時間我們會用小時、分鐘和秒來作為單位。

● 把一天分成 24 等份，每一等份就是一小時。

24 小時

● 再把一小時分成 60 等份，每一等份就是一分鐘。

60 分鐘

● 再把一分鐘分成 60 等份，就得到一秒鐘。

60 秒

比「一天」還長的時間

秒
是科學家最常用的時間單位。

● 我們用地球繞太陽一周的時間來定義一年。

● 一年是地球繞太陽一圈所花的時間，也就是 365 天，更精準的說是 365.242199 天。由於每一年都會多出四分之一天，所以每四年我們就會增加一天（多出的這一天就是 2 月 29 日），這也就是為什麼閏年會有 366 天。

● 我們用「年」這個單位來說：我已經 10 歲了、古夫金字塔建於 4587 年前、我們的宇宙誕生於 140 億年前。

時鐘和手錶

時鐘和手錶是透過週期性變化的機械裝置，來幫我們測量時間。

日晷

一天當中影子的長度會變化，所以古時候的人們就利用棍子產生的影子長短不同，來判斷是一天當中的什麼時候，但這樣的計時方式不夠準確，所以我們現在幾乎不用了。

水手們用沙漏來計時，他們會把沙漏懸掛起來，以確保就算風浪很大，沙漏還是能保持垂直，準確測量時間。

沙漏

每次翻轉沙漏沙子開始落下，沙子落完所花的時間都一樣，所以只要計算我們翻轉了幾次沙漏，就會知道總共經過了多久。雖然現在我們很少用沙漏計時了，不過曾經有很長一段時期，沙漏是最好的計時工具。

機械鐘

如果懶得翻轉沙漏來計時，我們也可以利用重錘或者是發條來達到相同的目的，這就是機械鐘的原理。不過最早的機械鐘不是很準確，還要定期上發條。現在的時鐘用電池來驅動，不但方便，也準確多了。

擺鐘

大約在 1602 年，伽利略發現擺的運動是週期性的，所以可以拿來測量時間。只要計算擺來回擺動了幾次，就可以知道時間過了多久。擺鐘是第一個可以精準測量時間的鐘。

伽利略 · 伽利萊

電子錶

現在我們戴的電子錶裡，可以發現一個類似擺的震盪結構，但不是真的有個擺在來回擺動，而是利用電子電路的週期性來測量時間。

原子鐘

目前最精準的鐘就是原子鐘了，人造衛星、實驗室、網際網路都是使用原子鐘來計時。它們利用原子在不同能階的振動來計時。原子鐘有多準呢？ 150 億年內差不到一秒鐘，150 億年可是比宇宙還老呢！

就像時間一樣，定義空間也有點複雜。我們可以將空間描述成：物體所在以及事件發生的地方，我們也可以說它就是現實的舞臺。

空間

那麼，空間要怎麼測量？

其實我們能量的是距離，也就是兩個物體之間的長度。**我們會用硬的東西來量距離，比如說棒子。**

如果我們要測量兩點之間的距離，我們會把棒子頭尾相連放在 2 點間，算算看總共有幾個棒子長，舉例來說，算出來的距離可能是 2 個棒子長、4 個棒子長、五又二分之一個棒子長。

點 A

點 B

「可是……」（我就知道你會問）「我們怎麼知道棒子該做多長呢？」

想像一下，假如要橫跨河流造一座橋，橋的高度是 5 個棒子高。可是左邊的工人跟右邊的工人用的棒子不一樣長、地基也不一樣高，可想而知這該有多糟啊！

為了避免這類問題產生，於是我們統一了

測量系統

有人造了一根特殊的棒子，將它的長度定為一公尺，從那個時候開始，所有做成相同長度的棒子，我們都稱為一公尺長。

也就是說，人們在量距離的時候，終於有了一樣的標準。

公尺是科學家最常使用的長度單位。

除了這個統一的測量系統以外，有的國家會使用不同的測量單位，比如說英制中，是使用英寸、英尺、碼跟英里來量長度。

太空中的小失誤

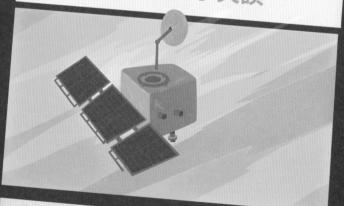

1999 年，一個氣象軌道探測器墜毀在火星上，原因是這個探測器當初是用英制系統建造的，然而飛航指示內容卻是以公制來撰寫，導致它無法穩定地運行，最終因為太靠近火星，在火星的大氣層中解體了。

一公尺的長度是在 1799 年制定的，法國的科學家以金屬鉑製作了一根模型棒子，這根棒子的長度就是一公尺。為了計算這根棒子應該有多長，科學家們必須先測量從敦克爾克到西班牙的巴塞隆納蒙特惠奇堡間的距離（子午線長度）。當時西班牙跟法國正在打仗，不過由於這個任務實在太重要了，西班牙特別允許法國科學考察隊進入巴塞隆納，完成了量測與計算。

敦克爾克

巴塞隆納

現在我們知道怎麼量時間跟空間了，接下來我們就可以計算物體移動得多快，換句話說，我們可以計算物體的

速度

物體的速度等於它移動的距離除上所花的時間。

4 公尺
2 秒

想像你花了 2 秒鐘走了 4 公尺，那麼你的速度就是每 2 秒移動 4 公尺，或者說是每秒 2 公尺。我們這樣表示：

$$v = 2 \text{ m/s}$$

v 就是我們所謂的速度。你會發現，當我們想知道物體的速度是多少時，只要把它移動的距離除上時間就可以了：

你一定看過汽車上的時速表，時速表告訴你汽車每小時可以走多少公里。

$$速度 = \frac{距離}{時間}$$

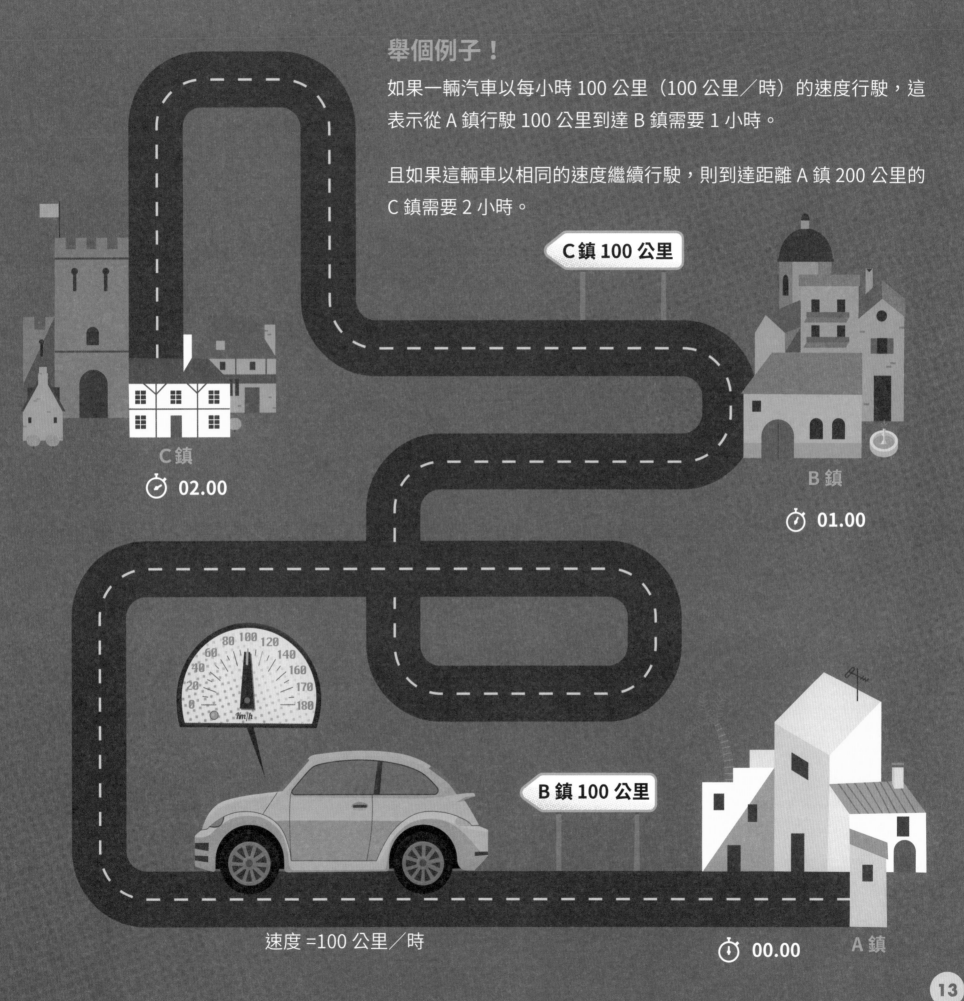

舉個例子！

如果一輛汽車以每小時 100 公里（100 公里／時）的速度行駛，這表示從 A 鎮行駛 100 公里到達 B 鎮需要 1 小時。

且如果這輛車以相同的速度繼續行駛，則到達距離 A 鎮 200 公里的 C 鎮需要 2 小時。

C鎮 100 公里

C 鎮
🕐 02.00

B 鎮
🕐 01.00

B鎮 100 公里

速度 =100 公里／時

🕐 00.00　　A 鎮

運 動

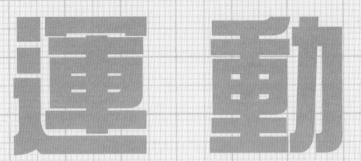

物體移動的時候就有速度、物體不動時我們稱為靜止，也可以說速度為零。

讓我們做個想像實驗，假如有一列火車以時速 30 公里通過月臺，愛麗絲坐在火車裡讀著一本書。

對愛麗絲而言，書是靜止的，這也是為什麼她可以安安穩穩地讀著書。事實上對愛麗絲而言，車廂內所有的事物都是靜止的，包括其他乘客、座位、照明設備等等。

但愛因斯坦從靜止的月臺上看著這輛火車通過，就完全不是這麼回事了。火車上所有的東西都是以時速 30 公里在運動著，不管是乘客、座位、愛麗絲或者是她的書。

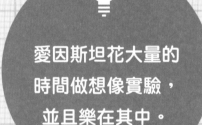

愛因斯坦花大量的時間做想像實驗，並且樂在其中。

也就是說，對愛麗絲是靜止的東西，對愛因斯坦而言卻是移動的。

所有的運動都是相對於某個參考物，這就是為什麼我們要提出參考坐標系這個概念。 →

參考坐標系

我們用參考坐標系來測量位置、距離和速度。

在上面的想像實驗裡，我們可以選用 2 個參考坐標系（參考物）。

愛麗絲選用她的 車廂 作為 參考坐標系 ，所以對她而言，車廂裡所有的東西都是靜止的。

於是對同一個物體而言，愛麗絲跟愛因斯坦量到的速度不同。

這就是我們所謂「運動是相對的」，它取決於 觀察者 （誰在觀察）或者是參考坐標系（從哪裡觀察）。

愛因斯坦使用 月臺 作為 參考坐標系 ，對他而言，火車車廂裡的所有東西都是以時速 30 公里在運動。

所謂的 慣性 坐標系是指 維持 等速運動的坐標系。

假如有個太空人迷路了，那裡什麼都沒有，
沒有星星、沒有太空船，也看不到地球。
在周遭沒任何東西的情況下，他要怎麼定
出自己的位置？甚至他也無法判斷自己有
沒有在動？速度是多少？

好險這個太空人很幸運，原來只是因為他的面罩結霧了，所以才會看不到東西，清乾淨後他又可以看見星星、太空站、地球了。看著這些東西，他不但可以判斷自己的位置，而且知道自己正以時速 30,000 公里繞著地球轉呢！

速度相加

我們現在知道參考坐標系是什麼了，這次讓我們想像愛麗絲在火車裡玩著她的遙控車，遙控車的行進方向跟火車的方向一樣，那麼

遙控車的速度是多少呢？

遙控車以時速5公里的速度在火車車廂裡跑。

V 遙控車

V 火車

火車以時速30公里的速度在鐵軌上跑。

對車廂裡的而言，遙控車的時速是5公里。

V 遙控車

5公里／時

對月臺上的而言，遙控車的速度是火車的速度加上遙控車的速度，所以是時速35公里。

V 火車＋**V** 遙控車

30公里／時＋5公里／時＝35公里／時

於是，愛麗絲跟愛因斯坦看到的遙控車速度又不一樣了。

假如遙控車的方向跟火車行進的方向相反，愛因斯坦會說遙控車的速度是火車的速度遙控車的速度，所以是時速25公里。

V 火車－**V** 遙控車

30公里／時－5公里／時＝25公里／時

對愛麗絲而言，參考坐標系是 ；對愛因斯坦而言，他的參考坐標系卻是 。

只要牽涉到速度相加，就可以這樣計算：

在烏龜殼上爬的蝸牛

$V_{蝸牛} + V_{烏龜}$

在飛機上行
駛的腳踏車

$V_{飛機} + V_{腳踏車}$

在移動的汽車上
射出的箭

$V_{汽車} + V_{箭}$

這就是大約 400 年前伽利略發現的：
所有的運動都是相對於參考坐標系。
所以當我們要描述上面那些物體的運動時，
都要這樣相加才行。

光 速

宇宙的基本定律

對所有觀察者而言光速都不變，光每秒可以走 30 萬公里。

沒有東西可以比光還要快。

對我們而言光移動的速度實在太快了，彷彿一瞬間；但是對於整個宇宙而言，可就不是這麼回事。

舉個例子，太陽光要花 8 分鐘、穿越過一億五千萬公里才能到達地球。

這表示每次我們看太陽時，我們看到的其實是 8 分鐘之前的太陽。

假如有一天太陽爆炸了，我們也要等 8 分鐘以後才會知道。

光年

因為宇宙實在太大了，所以我們測量宇宙距離的單位叫做 **光年**。

一光年是指光在一年內（地球年）走的距離，想想看，光 1 秒鐘就可以走 30 萬公里，走一整年可以走多遠啊！

距離我們最近的星星在 4 光年以外，而我們所知最遠的星星則是在百億光年以外。

8 分鐘

我們看到的永遠是過去！

就算光走得再快，也得花時間從一個地方到另一個地方，所以遙遠星星發出來的光，沒有到達地球前，我們是看不到它的。

假如某個外星人從距離我們4500 光年以外看我們，會看見什麼呢？

搞不好他們會看見古埃及人正在建造金字塔。

同樣的，當我們看著其他星星或星系時，我們看到的都是它們的過去。

由於我們看見的星星都在好幾光年以外，也就是說，當我們看見它們時，有一些可能早就毀滅了。

如果沒有任何東西可以快過光，
那麼，在火車頂上打一道光束會發生什麼事？

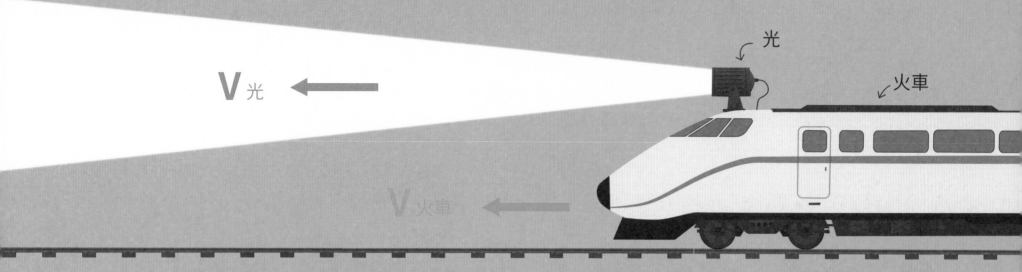

光

火車

$V_{光}$ ←

$V_{火車}$ ←

火車上的光會以什麼速度前進？

就像伽利略告訴我們的，
應該是光的速度再加上火
車的速度。

$$V_{光} + V_{火車} = V_{光}$$

可是沒有任何東西可以
快過光速啊，所以我們不能
在光速上再加上一個速度。

所以不管我們把聚光燈架在賽車上、蝸牛殼上、還是火箭上，

光的速度依然是每秒 30 萬公里。

$V_{賽車} + V_{光} = 300,000$ 公里／秒　　$V_{蝸牛} + V_{光} = 300,000$ 公里／秒　　$V_{火箭} + V_{光} = 300,000$ 公里／秒

物理學家非常好奇為什麼不管怎麼測量光速都不變？ 愛因斯坦在 1905 年的時候提出了解釋。

他提出 2 項假設，

❶在所有的慣性坐標系中物理定律不變，❷不管怎麼測量，光速都是定值。

這就是愛因斯坦著名的（狹義）相對論

根據這項理論，我們得出 3 個結果：

1 時間膨脹

2 長度收縮

3 質量增加

愛因斯坦有 2 個非常重要的理論，狹義相對論（也就是本書正在探討的）；以及廣義相對論（愛因斯坦有關重力的理論）。

時間不是我們想的那樣

光速不變所導出的結果，顛覆了我們日常對時間的認識。

別忘了，就算我們靜靜的坐著看書，
我們也還是跟著地球高速在移動。

時間感非常主觀，每個人
對時間的感受都不同。

我們以越快的速度移動，時間變慢的
現象就會越明顯，我們的時間會比靜
止不動的人更慢一些。

所以，時間不是絕對的

我們總是認為時間處處相同，換句話說，當下這個時刻，同時也發生在月亮、木星、比鄰星或遙遠的銀河系。
任何人，包括偉大的科學家伽利略、牛頓也都是這麼認為，他們的說法是：「時間是絕對的。」

愛因斯坦是第一個懷疑「時間是絕對的」這個觀念的人，他認為時間跟我們從哪一個參考坐標系測量有關，也
就是說，「時間是相對的」。

加速 → 加速 → 加速 →

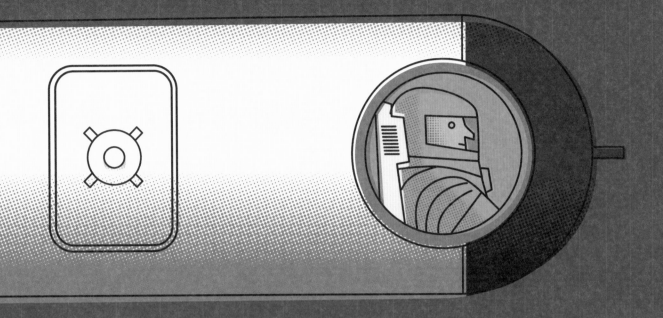

但越接近光速運動,時間膨脹(變慢)
的現象越明顯。

然而就算乘坐當今最快的交通工具,
我們還是很難發現時間膨脹(變慢)。

時間膨脹

令人著迷的是,我們移動時,時間竟然過得比較慢。

火車上的愛麗絲時間過得比月臺上的愛因斯坦慢,換句話說,愛麗
絲的錶比愛因斯坦的錶走得慢,即使這個差別小到我們幾乎不會發
現,但它確實存在。

這就是所謂的時間 膨脹

接下來我們要做一連串的想像實驗來解釋這個概念,我們會發現原
來時間對每個人都不一樣。

對觀察愛麗絲移動的人而
言,愛麗絲移動得越快,
她的時間就越慢。

1 — 發射彈珠

讓我們做個想像實驗。

一個彈珠發射臺放在兩個接收器中間,接收器有計時功能也對時完畢。每當發射臺發射彈珠之後,接收器會記錄多久以後接到彈珠。

愛麗絲在車廂中做實驗。

愛因斯坦從月臺上觀察愛麗絲做實驗。

但當彈珠發射臺射出彈珠後,哪個接收器會先接到彈珠?

彈珠發射臺　　　　　接收器

A 車廂 靜止時

- 發射彈珠。
- 2 顆彈珠的速度相同,到接收器的距離也一樣。
- 愛麗絲跟愛因斯坦都觀察到,2 顆彈珠同時到達接收器,時鐘上顯示相同的時間。

B 車廂 移動中

- 發射彈珠。
- 對愛麗絲而言,2 顆彈珠以相同的速度射出。
- 對愛因斯坦而言,2 顆彈珠的速度不同, 跟火車行進方向一樣的快些(加上火車的速度);跟火車行進方向相反的慢些(減掉火車的速度)。
- 愛麗絲跟愛因斯坦都觀察到 2 顆彈珠同時到達接收器 , 時鐘上也顯示相同的到達時間。

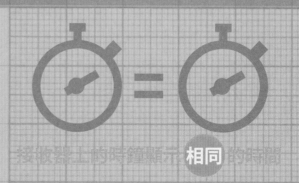

接收器上的時鐘顯示 相同 的時間

這個接收器也可以記錄彈珠到達
愛麗絲的接收器所花的時間。

發射臺到接收器的距離一樣。

在我們的實驗中，2 顆彈珠同時到達接收器，不管是愛麗絲或者是愛因斯坦的鐘，都顯示到達的時間相同。 到
目前為止還不錯，沒什麼奇怪的事情發生。

2 — 發射光子

接下來我們重複上面的實驗，只是這一次發射的不是彈珠，而是光子（光）。

就像我們在《我的第一本量子物理》中提到的，光子是組成光的粒子，不管我們從哪一個方向看，光子永遠以光速前進。光子的行為和彈珠不同，愛因斯坦：光子的速度不會受火車速度影響，你不能藉由火車的速度，增加或減少光子行進的速度。

光速是定值，跟你在哪一個坐標系看都沒有關係。

接收器

光子發射器

A 車廂 靜止時

- 發射光子。
- 2 顆光子的速度相同，到接收器的距離也一樣。
- 愛麗絲跟愛因斯坦都觀察到，2 顆光子同時到達接收器，時鐘上顯示相同的到達時間。

B 車廂 移動中

- 發射光子。
- 愛麗絲看到的是，光子以相同的速度射出，同時抵達接收器。
- 愛因斯坦看到的是，光子以相同的速度射出，但向後發出的光子比向前發出的光子更快抵達接收器。

這是愛因斯坦看到的

接收器上顯示的到達時間 不一樣

弾珠發射臺換成光子發射器

事情就是從這裡開始變得詭異，對愛麗絲而言，2 顆光子同時抵達；對愛因斯坦而言，向後射出的光子比較快抵達。同一件事為什麼會有兩種不同的結論？明明他們看的是同一對光子呀！更何況當他們檢查時鐘的時候，他們發現時鐘竟然不同步！愛麗絲的時鐘比愛因斯坦的時鐘慢了些。

到底誰才是對的？事實上他們 2 個都對。我們已經說過了，時間其實是相對的。對靜止的觀察者跟運動中的觀察者而言，時間是不一樣的。愛麗絲運動的速度越快，愛因斯坦看到愛麗絲的時鐘就越慢。

為了要進一步了解時間膨脹這個概念，接下來讓我們用時鐘做個小實驗，不過這次我們用的不是常見的齒輪指針等機械結構製作的時鐘，我們用的鐘更簡單但卻更準確：

光鐘

製造光鐘的方法如下，找 2 個鏡子相對，中間距離比如說一公尺，讓一顆光子在 2 個鏡子之間來回反射。

鏡子

光子

滴答

滴答

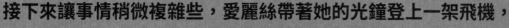

距離等於 1 公尺

1 次撞擊聲 = 光子走了 1 公尺

光子每撞擊鏡子一次我們就計數一次，因為光子來回撞擊鏡子的過程是週期性的，所以可以用來測量時間，（還記得我們前面提到的測量時間的方法嗎？）接下來我們要做的就是去算撞擊聲有幾次，或者是去算光子被鏡子反射幾次，當然囉，這其實是同一件事。

2 個鏡子之間的距離是一公尺，所以撞擊 10 次就等於光子走了 10 公尺。

接下來讓事情稍微複雜些，愛麗絲帶著她的光鐘登上一架飛機，愛因斯坦則帶著他的光鐘留在地面。

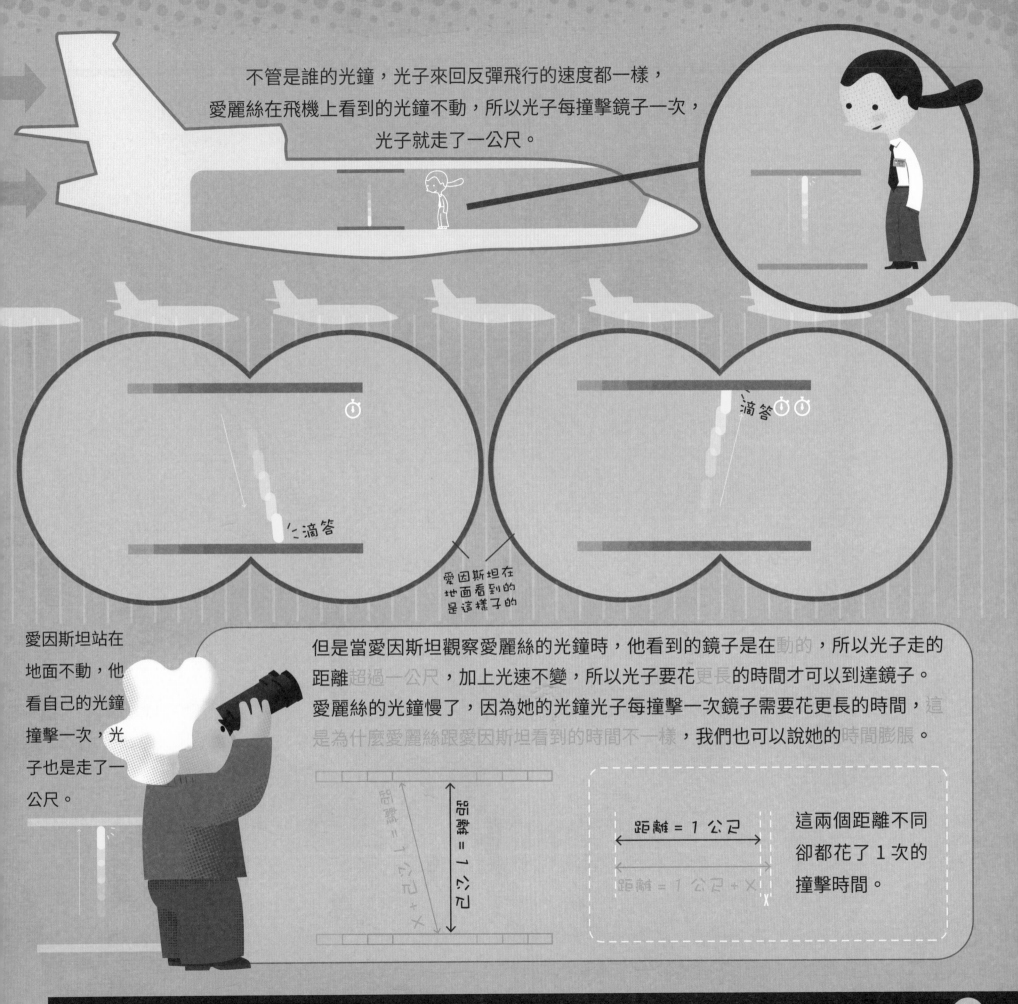

不管是誰的光鐘，光子來回反彈飛行的速度都一樣，
愛麗絲在飛機上看到的光鐘不動，所以光子每撞擊鏡子一次，
光子就走了一公尺。

滴答

滴答

愛因斯坦在
地面看到的
是這樣子的

愛因斯坦站在
地面不動，他
看自己的光鐘
撞擊一次，光
子也是走了一
公尺。

但是當愛因斯坦觀察愛麗絲的光鐘時，他看到的鏡子是在動的，所以光子走的
距離超過一公尺，加上光速不變，所以光子要花更長的時間才可以到達鏡子。
愛麗絲的光鐘慢了，因為她的光鐘光子每撞擊一次鏡子需要花更長的時間，這
是為什麼愛麗絲跟愛因斯坦看到的時間不一樣，我們也可以說她的時間膨脹。

距離 = 1 公尺

距離 = 1 公尺

距離 = 1 公尺 + X

距離 = 1 公尺 + X

這兩個距離不同
卻都花了 1 次的
撞擊時間。

奇怪吧？！所以如果有 2 個年紀相同的好朋友，其中一個搭乘接近光速的太空船旅行，另外一個留在地球，會發生什麼事呢？ 我們來看看吧！

航向未來

我們已經知道時間是相對的，對靜止的跟移動中的觀測者而言，時間是不一樣的，移動中的人時間會過得慢些。

其實這件事已經被證實了：拿 2 個一模一樣的原子鐘，一個留在地面上；一個放在超音速飛機上繞地球飛一圈，當飛機降落時，我們發現飛機上的鐘真的比地面上的鐘慢了幾千分之一秒！

飛得越快時間就過得越慢。

但是因為沒有辦法超過光速，那就讓我們以非常非常接近光速來飛行，看看會發生什麼事？

繼續往下看 >>>

愛麗絲想去距離地球最近的比鄰星旅行，它在 4.22 光年以外。她跟朋友鮑伯道別，鮑伯留在地球上等她，出發時愛麗絲跟鮑伯同年都是 10 歲。

鮑伯在地球上進行觀察，確保太空船在地球與比鄰星之間往返一次需要大約 8 年半的時間。

當愛麗絲走出太空船時，她幾乎認不得鮑伯了，他已經變成一個 19 歲的大男孩，而愛麗絲卻還是一個 10 歲的小女生。

因為愛麗絲以高速飛行，所以對愛麗絲而言時間膨脹了，愛麗絲只花了幾個禮拜飛行，但對地球上的鮑伯而言卻已經過了 8 年半。

愛麗絲的太空船以接近光速飛行，所以大概
要花 4.22 年去比鄰星，再花 4.22 年回來。

愛麗絲的太空船

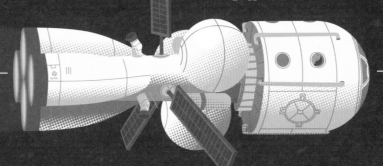

愛麗絲的太空船真的飛得很快，雖然對愛
麗絲而言，她在太空船才過了幾個禮拜，
但在地球上卻已經過了 4 年多。

比鄰星是最接近地球的一顆星

到達比鄰星後愛麗絲
掉頭回地球。

比鄰星被歸類為紅矮星

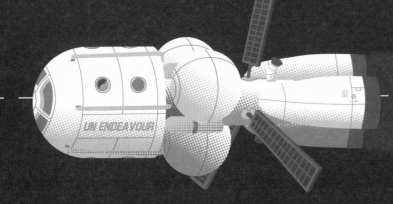

回程的時間跟去程一樣，對愛麗絲而言她離開
比鄰星不過幾個禮拜而已，但是對地球上的鮑
伯而言，愛麗絲得再花 4.22 年才能回到地球。

以極高速飛行
是航向未來的方
式之一

長度收縮

相對論中另一個有趣的現象是，當物體運動的速度越來越快時，它的長度也會越來越短。

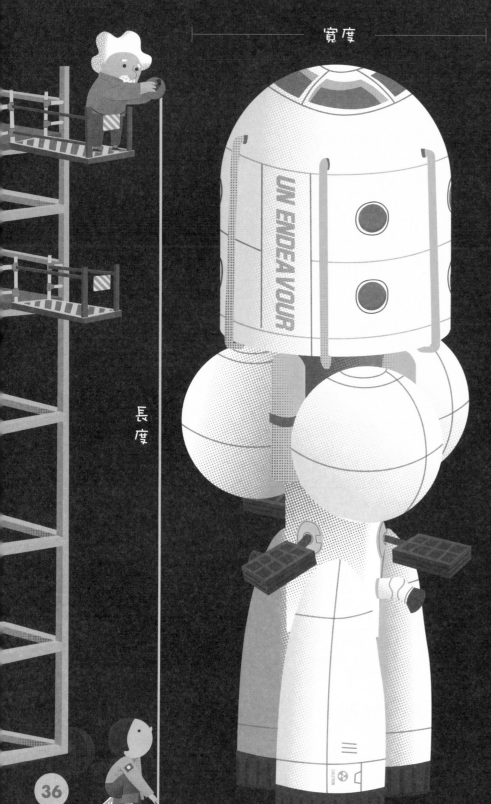

寬度

長度

它會收縮！

我們從愛麗絲跟愛因斯坦測量太空船
的大小開始吧，太空船停在太空站，
他們量好了長跟寬。

然後太空船出發前往比鄰星，
當太空船加速到接近光速時，
愛因斯坦發現太空船變短了。

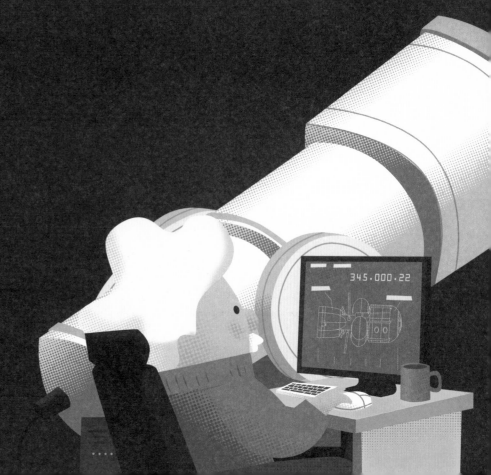

345.000.22

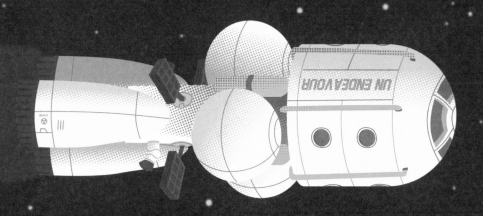

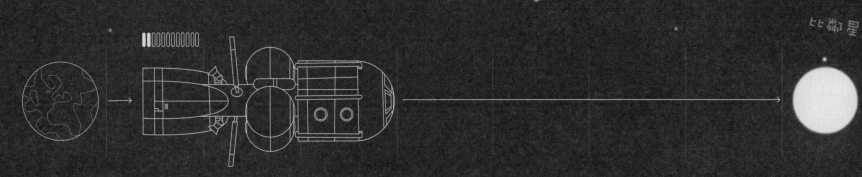

剛出發時太空船的速度還很慢，所以它的長度跟靜止在太空站時測到的差不多。

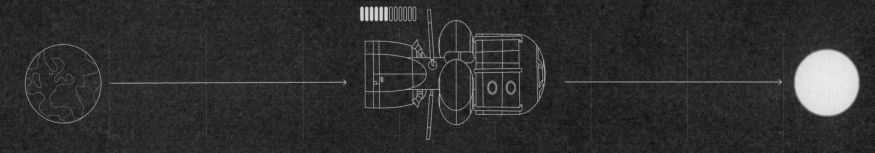

太空船開始加速到接近光速時，愛因斯坦發現太空船變短了，不過在太空船裡的愛麗絲卻絲毫不覺得有什麼異樣。

注意！長度收縮只發生在運動方向，所以雖然太空船變短了，但它的寬度還是一樣喔。

緲子的旅程

有個真實的例子可以證實時間膨脹跟長度收縮,那就是緲子。

當宇宙射線跟我們高層大氣層中的
空氣分子碰撞時,緲子就產生了。

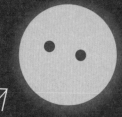

緲子是一種基本粒子,屬於電子家
族的一員,大概比電子重 200 倍。

緲子的壽命很短,只有 0.0000022 秒。

在這麼短的生命週期裡,就算用光速,
它們頂多也只能跑 660 公尺。

但我們卻能在地表的實驗室上測到它們,
這可是離它們形成的高層大氣有 10 公里遠呢。

宇宙射線

大氣層

10 公里

緲子偵測器

地表

如果它們
只能跑 660 公尺,
又怎麼能穿越 10 公里
到達地表讓我們
偵測到呢?

相對論給了答案

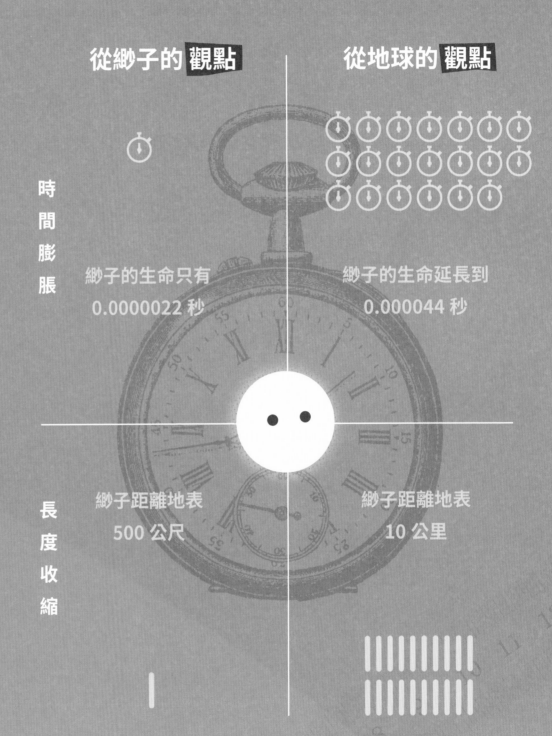

從地球的觀點：

我們觀察到緲子以接近光速運動,所以**緲子的時間膨脹(或說時間變慢了),**它的壽命延長了 20 倍。

因為有了這麼長的時間,所以它可以跑得更遠,遠到我們在地表都測得到它。

從緲子的觀點：

地球以接近光速向緲子飛來,所以地表跟緲子的**距離縮短了,地表距離緲子不再是 10 公里之遠,而只有 500 公尺的距離**,這讓緲子有足夠的時間到達地表。

從緲子的 觀點   **從地球的 觀點**

時間膨脹

緲子的生命只有
0.0000022 秒

緲子的生命延長到
0.000044 秒

長度收縮

緲子距離地表
500 公尺

緲子距離地表
10 公里

從地球的觀點看,緲子有更多時間飛行;從緲子的觀點看,它飛行的距離變短了,
這就是為什麼我們可以在實驗室裡測到它們。

39

速度使你 「變重」

相對論另一個令人訝異的結論是，
物體的運動速度越快質量就越大！

當我們站在體重計上量體重
時，精確地說我們量的其實
是靜止質量，也就是物體不
動時的質量。

質量越大的物體，就需要越
多的能量來推動。

紅色圈圈代表
需要的能量

有能量才能
推動太空船

在愛麗絲的星際旅程中，她的太空船
速度接近光速。

從地球看，太空船的速度越快，就越
難以加速，或者說就需要更多能量才
能推動。 原因是太空船的速度越快，
質量就越大。

當太空船的質量大到某個程度時，我
們就再也沒有辦法推動它了。

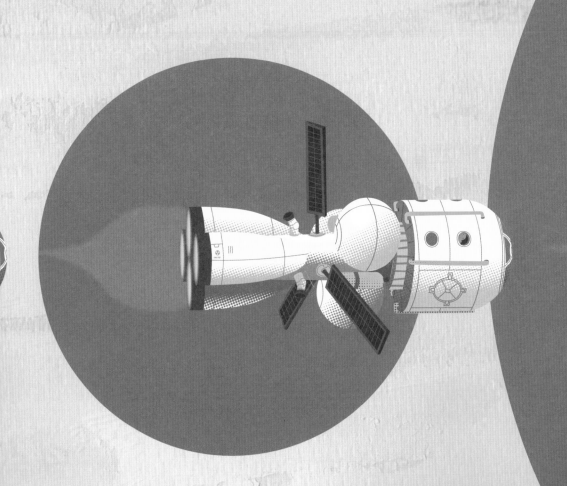

這就是為什麼有質量的物體永遠不可能達到光速，
因為只要持續加速，總有一天質量就會大到再也
推不動。

就算真的到達光速了，質量也變得無限大，這時
候就算用上全宇宙的能量，也沒辦法繼續，因為
這時候我們需要的是無限多的能量。

記住！
沒有東西能快得過光

光子有個奇怪的特質，**它
們沒有質量**。更專業地說
法是，光子總是以光速
移動，永遠不可能靜止下
來，所以我們永遠也量不
到它的**靜止質量**。

乘著光

這是愛因斯坦
的一個
想像實驗

那時愛因斯坦很年輕，只有 16 歲，
他很好奇如果跟著一束光飛行會是什麼樣子。

愛因斯坦 14 歲時的照片

圖源：維基百科

愛因斯坦想像：如果可以乘著光旅行，那一定很酷，但他沒有把握的是，假如旁邊也有另外一道光跟著飛，那道光看起來會是什麼樣子？

一開始他覺得旁邊那道光看起來應該是靜止的，彼此之間的相對速度是零，就像我們開車時，旁邊的車子速度如果跟我們一樣時，看到的情形一樣。後來愛因斯坦發現，假如這樣的話會非常奇怪，畢竟從來沒有人看過一道靜止的光。

沒人能告訴他答案，他只能不斷思考試圖解開謎團，10 年後終於讓他找到答案了！他提出 相對論 時才 25 歲。相對論說，光永遠以光速前進，不管你怎麼看都一樣。

所以愛因斯坦對這個問題的答案是，就算你乘著光飛行，你也不可能看到另外一道光是靜止的。你看到的另外一道光的相對速度，永遠是每秒 30 萬公里。

相對論效應只有在接近光速時才會變得明顯，這是為什麼我們在日常生活中都沒有感覺。

不管多努力，你都不可能相對自己運動，你對你自己而言永遠是靜止的，不管你是坐在客廳、坐在火車上，還是坐在飛機上。

當你量自己的身高跟身寬時，數字不會改變（沒有長度收縮）；每一次你量體重，你的質量也不會改變（沒有質量增加）。

＊ 前提當然是你量體重的瞬間不會突然變胖。

這表示你手錶的滴答一次總是花相同的時間，也就是說你的時間不會膨脹。

愛因斯坦的狹義相對論告訴我們，物體相對我們運動時，時間會膨脹、長度會收縮、質量會增加。

44

用數學看宇宙

愛因斯坦花了 10 年的時間創立狹義相對論，但卻只花了幾週的時間把相關的數學式子寫下來。這裡列出一些方程式，你可以看看它們有多酷：

勞倫茲轉換

$$ct' = \gamma(ct - \beta x)$$
$$x' = \gamma(x - \beta ct)$$
$$y' = y$$
$$z' = z$$

勞倫茲因子

$$\gamma = \frac{1}{\sqrt{1 - \dfrac{v^2}{c^2}}} \qquad \beta = \frac{v}{c}$$

質能互換

$$E = mc^2$$

世上最有名的方程式之一

靜止質量

$$m = m_0 \gamma$$

光子能量　一個光子帶有的能量

$$E = h\nu$$

光速（真空中）

$$c = 299{,}792{,}458 \text{ m/s}$$

致謝

沙達德 (Sheddad)

感謝迪亞哥 · 尤拉多（Diego Jurado）和卡理斯 · 穆納茲（Carles Muñoz）和我分享對物理學的熱情，幫忙校對這本書（西文版）。感謝薩爾瓦 · 桑奇斯（Salva Sanchis）以一位父親、藝術家和朋友的立場對本書做出的貢獻。感謝我的妻子海倫娜（Helena）幫忙修訂文本，而且總是陪在我身邊。感謝我們的兩個孩子塔雷克（Tarek）和烏奈（Unai）激發出做這本書的靈感。當然，還要感謝因瑪（Inma）。沒有他們，這本書就無法完成。

愛德華 (Eduard)

非常感謝讓這本書成為可能的人們，特別感謝梅里（Meli）、佩雷（Pere）、盧爾德斯（Lourdes）以及阿里亞德納（Ariadna）長久以來的支持和無限的耐心。

感謝所有不論是過去、現在還是未來的科學家，他們的工作將會使我們走得更遠。